Bibliografische Information der Deutschen Nationalbibliothek:

Die Deutsche Bibliothek verzeichnet diese Publikation in der Deutschen Nationalbibliografie; detaillierte bibliografische Daten sind im Internet über http://dnb.d-nb.de/ abrufbar.

Impressum:

Druck und Bindung: Books on Demand GmbH, Norderstedt Germany
ISBN: 9783668799493

Dieses Buch bei GRIN:

https://www.grin.com/document/441584

Anthony Pantalacci

Caracterisation Physiologique, Isotopique et Dosage des Halophenols dans Trois Organismes Marins du Golfe de Fos

GRIN Verlag

RAPPORT DE STAGE

PRESENTE A L'UNIVERSITE D'AIX-MARSEILLE PAR

M. ANTHONY PANTALACCI

TITRE DU RAPPORT DE STAGE

CARACTERISATION PHYSIOLOGIQUE, ISOTOPIQUE ET DOSAGE DES HALOPHENOLS DANS TROIS ORGANISMES MARINS DU GOLFE DE FOS

POUR L'OBTENTION DU GRADE DE :

MASTER EN SCIENCES ET TECHNOLOGIES

DISCIPLINE / SPECIALITE

CHIMIE : PERFECTIONNEMENT EN ANALYSE CHIMIQUE ET SPECTROSCOPIQUE

Stage encadrée du 01/02/2018 au 31/07/2018 par :

AVANT-PROPOS

Ce stage entre dans le cadre d'un vaste projet de mesure de l'impact des sous-produits de chloration appelé FOS-SEA, ayant comme titre « l'Evaluation du Risque Environnemental lié à la Maîtrise du Biofouling en Zone Littorale Méditerranéenne », sous la direction de Monsieur Jean-Luc Boudenne du LCE. Ce projet est initié en novembre 2016 pour une durée de 4 ans et financé par l'ANR à hauteur de 682 594 euros.

L'étude vise à répondre à 4 objectifs principaux ;

- Identifier et quantifier les différents composés bromés et chlorobromés qui peuvent être présent et/ou générés durant les procédés de chloration (dans l'eau, l'air, ainsi que dans les poissons, les oursins et les moules pêchés et ramassés pour la consommation humaine)
- Déterminer les schémas réactionnels de leur formation et de leur devenir
- Étudier leur transfert (eau, air, mollusques et poissons, sédiments) et leur dissémination (effets de dilution, hydrolyse, photolyse, et/ou persistance)
- Observer leur toxicité globale ainsi que celle de leurs produits de transformation

Un consortium regroupant quatre laboratoires et deux industries a été créé pour réaliser ces 4 axes de recherche, le Laboratoire Chimie de l'Environnement (LCE, Aix-Marseille Université), l'Institut Ecocitoyen pour la Connaissance des Pollutions (IECP), le Laboratoire PROcessus de Transferts et d'Echange dans l'Environnement (PROTEE, Université de Toulon), l'Institut Méditerranéen de Biodiversité et d'Ecologie (IMBE, Aix-Marseille Université), ELENGY (Terminal méthanier de Fos Cavaou) et EDF (Centre R&D, Chatou).

REMERCIEMENTS

Je tiens à remercier, en premier lieu, mon tuteur de stage Monsieur Julien Dron, responsable scientifique au sein de l'Institut, de m'avoir permis de réaliser ce stage et d'avoir été disponible et bienveillant en mon égard pendant ces 6 mois.

Je remercie également, le directeur de l'Institut, Monsieur Philippe Chamaret, ainsi qu'à l'ensemble de l'équipe Jocelyne Urban, Sandra Alastra, Annabelle Austruy, Sylvaine Goix, Charles-Enzo Dauphin, Véronique Granier, Gautier Revenko et Marine Periot, pour leur accueil et leur convivialité, pendant mes deux mois à l'Institut Ecocitoyen.

Je remercie le Laboratoire de Chimie de l'Environnement, de l'Université d'Aix-Marseille à Saint-Charles, de m'avoir accueilli durant mes périodes d'analyses, notamment l'équipe de recherche « Développements Métrologiques et Chimie des Milieux » et son responsable, Monsieur Jean-Luc Boudenne.

Je remercie spécialement Monsieur Didier Gori, responsable technique de la plateforme instrumentale d'Aix-Marseille Université dédiée à l'analyse des isotopes stables, pour l'analyse isotopique du congre, des moules et des oursins ainsi que pour l'initiation théorique.

Je remercie également Monsieur Alexandre Baylet, responsable commercial en analyse chimique, au laboratoire départemental de la Drôme de nous avoir permis de visiter son laboratoire le 16 mai 2018, à Valence.

LISTE DES FIGURES

TABLE DES MATIERES

INTRODUCTION

Situé entre Martigues et Port-Saint-Louis-du-Rhône, le Golfe de Fos est le premier port commercial français, et l'un des premiers d'Europe, abritant une zone industrielle d'envergure internationale. Il s'agit d'industries lourdes, avec des raffineries, des dépôts pétroliers, un complexe sidérurgique (ArcelorMittal), des usines métallurgiques et pétrochimiques. Plusieurs dizaines de ces sites sont classés Seveso 2, ce qui assimile ces industries à des activités dangereuses. Il semble donc naturel de surveiller l'adaptation de l'écosystème et son éventuelle contamination. D'autant que le Golfe du Fos est resté un lieu d'activités de loisirs (plaisance, pêche, baignade...) fréquenté par de nombreux touristes et riverains.

Depuis les années 2000, les habitants du Golfe s'inquiètent de l'impact du cumul des expositions aux polluants environnementaux sur leur santé. Ces craintes ont été confirmées début 2017 par une étude basée sur la santé de 816 riverains de la commune de Fos-sur-Mer et Port-Saint-Louis-du-Rhône[1]. Elle démontre qu'ils sont davantage touchés par des affections respiratoires, diabètes et cancers. 63% des habitants de ces deux communes soufrent ainsi d'au moins une maladie chronique contre 36,6% en France. Sur ces inquiétudes, les élus de l'intercommunalité Ouest Provence ont mis en place, en 2010, l'Institut Ecocitoyen pour la Connaissance des Pollutions au cœur de la zone industrialo-portuaire. Son rôle est de chercher à mieux connaître les pollutions et leurs effets sur l'environnement et la santé afin d'informer la population. Cette zone portuaire est précisément concernée par les risques environnementaux et sanitaires, liés principalement à la forte densité industrielle, mais aussi à d'autres sources comme le transport ou le chauffage résidentiel.

De nombreux sites industriels dans le monde, et dans le pourtour du Golfe, utilisent l'eau de mer à des fins de refroidissement (industries pétrochimiques et sidérurgiques) ou à des fins de réchauffement (terminaux méthaniers pour la liquéfaction des gaz). Pour contrôler la formation de biofilms dans les échangeurs thermiques ou de moules dans les conduites industrielles[2,3], la chloration de l'eau de mer reste considérée comme l'un des moyens les plus efficaces et les moins coûteux. La chloration est menée soit par dissolution du chlore gazeux, soit par addition de solution d'hypochlorite de sodium, soit encore, dans le cas d'utilisation d'eau de mer, par électrolyse (appelée éléctrochloration).

Ces rejets chlorés aboutissent à la production de plusieurs sous-produits de chloration. Ces derniers sont pour la plupart soupçonnés ou reconnus toxiques, avec un impact sur l'environnement et la santé humaine en fonction des teneurs présentes[3,5,6,7].

L'analyse de la contamination des organismes marins est donc indispensable afin d'en mesurer l'exposition. Cette mesure de la bioaccumulation donne une vision intégrée sur le temps de la contamination chimique. En fonction de l'espèce et de l'organe étudiée, la contamination peut varier de quelques jours à plusieurs mois alors que des mesures de l'eau reflètent la contamination à un instant précis. Pour une espèce sédentaire, cela reflète également l'exposition des organismes dans une zone géographique précise. En parallèle des mesures dans l'eau, un facteur de bioaccumulation peut être estimé qui peut servir à modéliser la contamination ou simplement à mieux évaluer l'impact du procédé de chloration. L'emplacement dans la chaîne alimentaire peut démontrer une bioaccumulation qui accroît au fil de la chaîne, en fonction des espèces consommées. Ces analyses peuvent montrer si le polluant en question est assimilable par le vivant. La bioaccumulation des espèces marines permet également d'évaluer le risque rencontré par l'être humain par la consommation de ces espèces.[8]

Dans le cas du Golfe de Fos qui réunit de nombreuses activités industrielles, plusieurs millions de mètres cubes par jour d'eaux traités par chloration (ou éléctrochloration) sont rejetés en mer, ce qui peut donc amener à une exposition chronique aux SPCs et à un impact sur l'écosystème même si les concentrations restent relativement modérées. Pour apprécier l'impact des rejets chlorées sur le Golfe et pour envisager des solutions avec les acteurs locaux comme les industriels, une meilleure compréhension du comportement de ces rejets est donc nécessaire.

L'objectif de ce stage consiste principalement à mettre au point une méthode d'extraction pour l'identification et la quantification des halophénols, une famille de sous-produit de chloration, dans les organismes marins par chromatographie en phase gazeuse couplée à un détecteur à capture d'électrons. L'autre but est de caractériser ces organismes marins par l'analyse des isotopes stables pour connaître la position dans la chaîne alimentaire, par des données morphologiques comme la taille et le poids et par des données biologiques comme la teneur en eau et teneur lipidique, puisque la bioaccumulation dans les tissus adipeux est souvent favorisée.

Une présentation rapide de l'Institut Ecocitoyen pour la Connaissance des Pollutions et de la zone d'étude sera réalisée dans une première partie. Dans un deuxième temps, l'étude de caractérisation isotopique, morphologique et biologique des organismes marins sera présenté. Dans un troisième et dernier temps, le développement de la méthode d'extraction, son application et ses limites seront décrits.

PRESENTATION GENERALE

1 L'Institut Ecocitoyen pour la Connaissance des Pollutions

L'histoire dernière de la ZIP de Fos-sur-Mer est marquée par des questions environnementales et des liens de contestations entre différents protagonistes (citoyens, industriels, hommes politiques, services de l'État). Plus exactement, l'installation d'un incinérateur pour le traitement des déchets ménagers de la cité phocéenne dans la ZIP fait ressurgir les questions sur la pollution atmosphérique. Sur ce sentiment, les représentants du SAN Ouest-Provence ont choisi d'équiper le territoire d'une politique scientifique par la création de l'Institut en 2010. L'IECP a comme objectif d'élaborer et d'animer des études scientifiques dont l'objectif est d'augmenter la connaissance sur les pollutions des différentes thématiques (eau, air, sol) et leurs conséquences sur l'homme et l'environnement.

L'IECP est une organisation à but non lucratif composé d'un conseil administration, d'un conseil scientifique et d'un groupe opérationnel :
Le **conseil d'administration** rassemble les dirigeants des protagonistes du territoire par collèges (collectivités, citoyens, industriels, chercheurs, médecins et pharmaciens). Son président est Henri Wortham. Le conseil d'administration est l'endroit où des sollicitations territoriales associées à l'aménagement et aux choix économiques émergent, et où sont actés les décisions du conseil scientifique et le budget de l'IECP.
Le **conseil scientifique**, regroupant des chercheurs issus d'organismes publics et des professionnels de santé, analyse les interrogations posées et participe à fournir la connaissance pour y apporter une solution. Il trace la stratégie scientifique de l'IECP, offre son opinion sur les agissements en cours et en projet.
Une **équipe fonctionnelle** gère quotidiennement le travail de l'Institut. Elle se compose actuellement de 10 salariés.

L'IECP est financé principalement par la métropole Aix-Marseille (territoire d'Istres – Ouest Provence) et par la ville de Fos, à hauteur de 400 000 à 700 000 € par an, mais aussi par des appels à projets de l'ANR ou l'ADEME. L'Institut possède des partenariats scientifiques avec des universités comme AMU ou Toulon.

L'Institut se trouve dans une situation où de fortes tensions sont présents, entraînant parfois des situations complexes. Car, le développement économique du secteur répondant à des logiques mondiales, la gestion des pollutions causées par ce développement (industries, trafics routier, trafics maritime, agriculture) tout en répondant aux craintes des citoyens est difficile. Le dispositif VOCE, mise en place par l'Institut et soutenu par le MEDDAT, offre la possibilité aux citoyens de mieux comprendre l'environnement en participant à l'acquisition de données scientifiques qui viendront compléter les études sur le territoire.

2 Contexte géographique et hydrodynamique

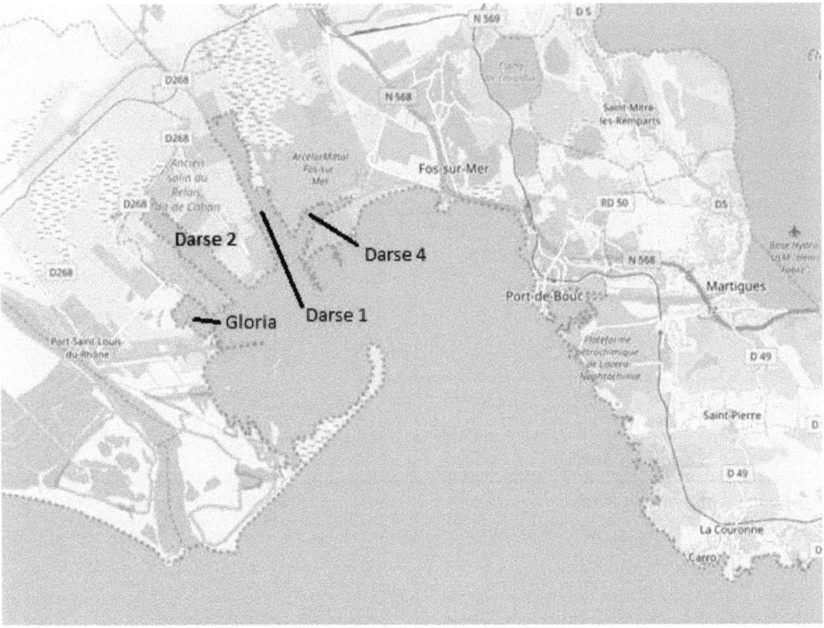

Figure 1 : Localisation de la zone d'étude (Source : Open Street Maps)

2.1 Géographie

Le Golfe de Fos s'étend sur 15 km environ du Cap Couronne à l'embouchure du Rhône, et est entouré de Martigues, Port-de-Bouc, Fos-sur-Mer et Port-Saint-Louis-du-Rhône. Sa surface représente approximativement 100 km², dont presque la moitié se situe au nord du They de la Gracieuse (Figure 1). Les installations portuaires ont totalement marqué la géographie de la zone par la création de plusieurs darses dont les plus grandes, Darse 1 et Darse 2, mesurent jusqu'à 5 km de long et plus de 500 m de large. La Darse 4, crée par les plates-formes de la presque-île du Cavaou face au They de la Gracieuse, augmente le cantonnement de la partie ouest du golfe. La profondeur des eaux du golfe est en moyenne de 8 m sur sa partie nord, et peut atteindre 50 à 60 m dans sa partie sud. L'activité portuaire nécessite des dragages réguliers, entre 10 et 20 m de profondeur, dans chacune des darses et le Gloria.

2.2 Hydrologie

Par sa proximité avec le Rhône, le Golfe de Fos est soumis aux arrivées d'eau douce et la contamination du Rhône peut avoir des conséquences. Le Canal de Caronte, relié à l'Etang de

Berre et, les divers canaux qui se jettent dans le golfe, principalement en Darse 1, peuvent aussi jouer un rôle sérieux.

Le Rhône tient un rôle essentiel dans l'ensemble des eaux méditerranéennes françaises. Il y contribue à hauteur de 90 % des apports en eaux fluviales[9]. Son débit varie globalement entre 500 et 2 500 m^3/s avec des maximales à 4 000 m^3/s hors crues. C'est le second fleuve de la Méditerranée après le Nil en termes de débit. Le Rhône ne se jette pas directement dans le Golfe de Fos (Figure 1), mais il peut y être entraîné suivant les conditions météorologiques. Ces apports ont un impact très important sur les apports en nutriments, ou encore sur la contamination chimique des eaux et des sédiments[10,11]. Le fleuve traverse des régions habitées et industrialisés, particulièrement vers Lyon, et a pu faire l'objet d'interdiction de pêche en raison de sa contamination en PCB par exemple.

Caronte est la seconde entrée d'eau douce en termes de débit, estimé en moyenne à environ 260 m^3/s[10]. L'Etang est alimenté principalement en eau douce par la centrale hydroélectrique EDF de Saint Chamas, qui apporte les eaux provenant de la Durance, par le canal EDF. L'Etang est aussi soumis à plusieurs phénomènes anthropiques, provenant de la centrale hydroélectrique, de la présence de deux sites pétrochimiques importants (Berre, La Mède) et des stations d'épuration du pourtour de l'étang.

Enfin, plusieurs canaux se jettent dans le golfe, dont la très grande majorité en termes de débit se déverse via la Darse 1, qui est approvisionné en eaux douces par le canal d'Arles à Fos et par le canal du Rhône à Fos. Le débit du canal d'Arles à Fos est d'environ 8,5 m^3/s[12]. Enfin, le canal de Fos à Bouc débouche dans la partie sud de la Darse 1, avec un débit environnant les 5,4 m^3/s[12]. Ce dernier, qui relie la Darse 1 au canal de Caronte, constitue l'exutoire du complexe sidérurgique ArcelorMittal, de la raffinerie Esso, de la station d'épuration de Fos-sur-Mer.

CARACTERISATION DES ORGANISMES MARINS DU GOLFE DE FOS

MATERIELS ET METHODES

1 Critère de choix des espèces

Afin de caractériser l'exposition du milieu marin aux contaminants chimiques, les critères de choix ont notamment porté sur les paramètres suivants :

- Présence de l'espèce dans le Golfe de Fos, toute l'année.
- Sédentarité de l'espèce, permettant d'identifier l'origine locale des contaminations.
- Potentiel d'accumulation fort, par un niveau trophique et une espérance de vie élevés.
- Caractéristiques physiologiques (taille, poids...) permettant le prélèvement d'échantillons homogènes et en quantités suffisantes (minimum 15 g de poids sec, ou 100 g bruts)

Le choix s'est donc porté sur le congre commun (*Conger Conger*), l'oursin violet (*Paracentrotus lividus*) et la moule méditerranéenne (*Mytilus galloprovincialis*). Ces espèces sont, de plus, des espèces comestibles. Toutefois, le congre est peu consommé autour du Golfe et la pêche commerciale n'y est pas pratiquée alors que la moule et l'oursin sont beaucoup consommées. L'oursin violet est également étudié en exotoxicologie dans le projet FOSSEA.

2 Prélèvement des individus

Pour l'étude des sous-produits de chloration dans les organismes marins dans le Golfe de Fos, onze stations sont échantillonnées sur quatre villes, à Port-Saint-Louis-du-Rhône, à Fos-sur-Mer, à Port-de-Bouc, et à Martigues. Ces villes sont situées sur l'ensemble du Golfe de Fos. Les échantillons sont péchés pendant l'automne 2017, entre fin octobre et fin novembre.

COMMUNE	Zone	Station	Muscles de Congre	Foies de Congre	Oursins	Moules
FOS-SUR-MER	EOLIENNE	9	5	5	40	60
	SAINT-GERVAIS	14			60	80
	CAVAOU	12	4	4	60	48
	TONKIN	8				48
	CYCOFOS	11	5	5		60
	GPMM	7				59
PORT-DE-BOUC	LES LECQUES	16	1		47	80
PORT-SAINT-LOUIS	GLORIA	3			40	62
	CARTEAU	17	6	6		57
MARTIGUES	LAVERA	13	2	2		60
	PONTEAU	24			40	
TOTAL			23	22	287	614

Figure était supprimé parce-que le droit d'auteur

Figure 2 : Nombre d'individus péchés par station au sein du Golfe de Fos et la position de chaque station sur le Golfe (Source : Google Maps).

Les oursins ont été prélevés entre 1 et 3 mètres de fond à pied ou en apnée sur des fonds de préférences rocheux. Les moules ont été détachées une par une avec un couteau en acier. Ils ont été stockés dans des glacières remplies d'eau de mer après la pêche, avec une glacière par station. Les congres ont été pêchés en utilisant la technique de pêche à la palangre.

287 oursins ont été récoltés, avec des tailles comprises entre 4 et 7 cm sans les épines, sur 6 stations. La pêche a été globalement répartie sur le golfe. A l'ouest, 140 ont été péchés (stations 9, 12 et 3) et à l'est, 147 ont été pêchés (stations 14, 16 et 24). 614 moules ont été pêchés sur l'ensemble du golfe, présentant des tailles comprises entre 2,50 et 9,50 cm, répartis sur 10 stations sauf à Ponteau (station 24). La majorité des moules, 394 sur 614, ont été pêchés à l'ouest du golfe (stations 9, 12, 3, 8, 11, 7, 17). A l'est, 80 ont été péchés à Fos-sur-Mer et à Port-de-Bouc (stations 14 et 16) et 60 à Lavéra (station 13). 23 poissons ont été prélevés, présentant des tailles comprises entre 0,66 et 1,40 m et des poids compris entre 550 et 6400 g, répartis sur 6 stations. La majorité des poissons, 20 des 23, a été péchée à l'ouest du golfe (stations 17, 9, 11, 12). Les trois autres provenaient de Port-de-Bouc (station 16) et de Lavera (station 13).

3 Préparation des échantillons

3.1 Conditionnement

Les poissons sont éviscérés, et les muscles sont découpés à l'aide de scalpels stériles en acier inoxydable. Les deux filets prélevés, conditionnés dans du papier aluminium et conservés à -45°C. Le foie est également récupéré, conservé à – 45°C dans un flacon en HDPE de 250 ml.

Les oursins sont ouverts et leurs gonades et leur appareil digestifs, à l'aide d'un couteau en céramique, sont séparés. Par site, les gonades sont prélevées puis conditionnés dans 4 flacons en HDPE de 250 ml. Cela constitue des réplicas de prélèvements. Chaque flacon contient de 10 à 15 individus en fonction de leur taille, puis conservés à -45°C.

Les moules sont triées en 4 groupes en fonction de leur taille. Les moules sont décoquillées avec un couteau à huître ou un scalpel en acier inoxydable propre. Le byssus est arraché. Les chairs sont ensuite conditionnées dans 4 flacons en HDPE de 250 ml, puis conservés à -45°C. Chaque flacon contient de 12 à 20 individus.

3.2 Lyophilisation et broyage

Les échantillons sont lyophilisés (Christ Alpha 1-4 LD plus) à -55°C. Ils sont pesés avant et après lyophilisation, afin de mesurer la teneur en eau dans les échantillons. Après lyophilisation, les échantillons sont réduits en poudre avec un broyeur à billes (Restch MM400 : 25 Hz pendant 90 s à chaque passage) équipé de godets revêtus de zirconium (Zr) et de billes en Zr, jusqu'à obtention d'une poudre fine et homogène. La poudre est finalement placée dans un flacon en HDPE de 8 ou 12 ml. Les flacons sont conservés à – 45°C. Les flacons, destinés pour l'analyse en SPCs, contiennent entre 1 et 5 g d'échantillons secs. Les flacons, destinés pour analyser la teneur en matière grasse, contiennent entre 1 et 2 g d'échantillons secs.

Pour les filets et les foies, les tissus conjonctifs qui séparent les couches de fibres musculaires ne peuvent être broyés par cette méthode et sont donc écartés manuellement, avec un tamis de contrôle (diamètre : 2 mm), de la poudre afin de garantir l'homogénéité de l'échantillon.

Entre chaque échantillon, le matériel utilisé est rincé à l'eau courante, à l'eau Milli-Q® (ThermoFisher Scientific Barnstead™ Smart2Pure™ 12), à l'acétone, à l'acide nitrique et séché à l'étuve (Binder FD 240) pendant deux heures.

4 Analyse physiologique

4.1 La relation taille-poids

Le rapport entre le taille et le poids des individus permet de vérifier leur état de forme, elle est présentée sur la figure X. La relation entre la longueur totale des poissons et leur poids est en général sous forme puissance, aussi appelée allométrique. Elle est représentée par la relation de le Cren[13] :

$$m_B = a.\,l_T^b \text{ (eq.1)}$$

Avec m_B, le poids brut, l_T, la longueur totale et b, le coefficient d'allométrie.
L'indice de condition relative (K_c) a été calculé à partir des mesures de poids brut et de longueur totale selon l'équation suivante :

$$K_C = \frac{m_B}{a.l_T^b} \text{ (eq.2)}$$

4.2 Age des individus

L'âge des poissons est déterminé approximativement en analysant leurs otolithes (os de l'oreille interne) et leurs vertèbres[14,15,16,17]. Les résultats obtenus permettent de retrouver une relation entre l'âge et la taille des individus. Pour cela, c'est le modèle de Von Bertalanffy qui est généralement appliqué :

$$l_t = l_{oo}(1 - e^{-k(t-to)}) \text{ (eq.3)}$$

où l_t est la taille de l'animal au temps t, l_{oo} est longueur maximale hypothétique, K est constante caractéristique de la croissance, elle indique la vitesse à laquelle la taille se rapproche de l_{oo}, t est l'âge de l'individu et to est l'âge hypothétique d'un individu de longueur nulle.

Les analyses des otolithes et des vertèbres n'ont pas été effectuées. Cependant, étant donné cohérence entre les mesures de taille et de poids avec celles présentées par la littérature, l'âge des individus peut être déterminé approximativement avec les valeurs moyennes des paramètres de croissance l_{oo}, k et to décrits dans la littérature. Ainsi, en moyenne, ces paramètres donnent l_{oo} = 255 cm ; k = 0,058 an-1 ; to = -1,67 an, selon les observations microscopiques des otolithes[14,16,17].

4.3 Teneur en eau

La teneur en eau est variable entre les espèces, au sein d'une même espèce ou entre le type de tissu étudié. Celle-ci n'a a priori aucun lien avec les concentrations en polluants mesurées. Par conséquent, et à des fins de comparaison entre tissus ou espèces, il peut être préférable de se référer au poids sec du tissu analysé.

La teneur en eau a été calculée avec la formule suivante :

$$\frac{Masse\ brute\ (g) - Masse\ sèche\ (g)}{Masse\ brute\ (g)} * 100 = Teneur\ en\ eau\ (\%)$$

Les pesées ont été effectuées avant et après lyophilisation jusqu'à que le poids se stabilise (écart < 5% en 24h).

4.4 Teneur en matière grasse

La teneur en matière grasse a été mesurée par le laboratoire départemental de la Drôme à Valence en France. Les échantillons à analyser ont été transporté, dans une glacière jusqu'à Valence, par nos soins. Si les concentrations en métaux se réfèrent généralement au poids sec, les contaminants organiques peuvent être exprimés par rapport à la teneur lipidique. Les polluants organiques sont, pour la grande majorité, hydrophobes. Par conséquent, ils peuvent être fixés préférentiellement par les tissus gras et pour faciliter les rapprochements, il peut être intéressant de se retourner vers la masse de matières grasses.

5 Analyse des isotopes stables

5.1 Principe

Dans ce rapport, l'étude des niveaux trophiques dans l'écosystème du Golfe de Fos a été effectuée par l'analyse des rapports isotopiques de l'azote et du carbone du congre.

L'utilisation des isotopes stables en écologie est basée sur l'existence naturel de deux isotopes stables de masses différentes pour l'azote et le carbone. Deux éléments sont dits isotopes quand ils ont le même nombre de protons et d'électrons mais pas le même nombre de neutrons. On appelle isotope lourd l'isotope ayant un neutron supplémentaire. Les proportions de chacun des isotopes, à l'état naturel, sont connues et montrent une quasi omniprésence (> 98 %) de l'isotope léger[19,20].

L'ensemble des changements biochimiques est associé à un fractionnement isotopique, c'est-à-dire un changement des rapports isotopiques entre le substrat et le produit de cette réaction. Ce fractionnement s'explique par le fait qu'un substrat plus léger requiert moins d'énergie pour son utilisation dans la réaction enzymatique et est donc préférentiellement intégré dans les macromolécules résultant des réactions biochimiques[21]. Les disparités métaboliques et enzymatiques entre les types de photosynthèse mais aussi les disparités abiotiques qui existent entre les milieux (terrestre vs marin par exemple) provoquent des segmentations isotopiques différents et contribuent à créer des variations dans les ratios isotopiques mesurés chez les producteurs primaires à la base des chaînes trophiques.

Du fait de la stabilité des isotopes, les rapports isotopiques fixés par les producteurs primaires ne subissent ordinairement que peu de changements lors de l'intégration de ces atomes dans les réseaux trophiques. Cette propriété permet d'utiliser les isotopes stables du C et du N comme traceurs écologique dans les chaînes trophiques. Les signatures isotopiques mesurées chez un consommateur dépendent directement de celles de sa proie, à un facteur de fractionnement près. Ce facteur de fractionnement, spécifique pour le carbone et l'azote, justifie l'utilisation couplée de ces deux traceurs car ils fournissent de fait deux informations différentes.

A chaque niveau trophique, le ratio du C subit un enrichissement faible, pour lequel des valeurs théoriques entre 1 et 2 ‰ sont généralement proposées[22]. Cette valeur peut s'expliquer par la perte de 12C lors de la respiration, un prélèvement principal de 13C lors de la digestion ou de l'assimilation et enfin au fractionnement métabolique associé aux réactions de synthèse des tissus[23,24]. La signature isotopique en carbone d'un consommateur sera donc très proche de celle de son alimentation. Pour l'azote, l'enrichissement est plus sérieux. Il s'explique spécialement par l'utilisation de 15N lors de la synthèse d'acides aminés et donc l'expulsion de déchets azotés composés en majorité de 14N. Une valeur d'enrichissement théorique comprise entre 2.5 et 4.5 ‰ par niveau trophique, classiquement 3.4‰, est habituellement proposée[25,26,27,28]. Il y a donc un enrichissement graduel en 15N, et une augmentation du ratio isotopique en azote à chaque niveau trophique.

La signature isotopique d'un tissu est immédiatement liée à la synthèse de nouveaux tissus à partir de la nutrition lors de la croissance, mais également aux processus métaboliques de renouvellement des tissus plus anciens. Ces mécanismes n'étant pas immédiats, les rapports isotopiques mesurés dans un tissu sont le miroitement de l'alimentation moyenne de cet organisme durant une période de temps assez importante avant sa capture. Cette période est dépendante du tissu considéré. Pour le muscle, organe classiquement utilisé, elle est considérée comme étant relativement longue, de l'ordre de plusieurs mois[29,30].

L'analyse des isotopes stables du C et du N apporte donc une information intégrée dans le temps et dans l'espace sur le positionnement d'un organisme au sein d'un réseau trophique[31].

5.2 Préparation des échantillons

Les échantillons ont été conditionnés dans des microcapsules en étain pour l'analyse des ratios isotopiques. La masse utilisée était d'approximativement 400 µg. La mesure des rapports isotopiques a été effectuée par spectrométrie de masse isotopique, au Laboratoire de Chimie de l'Environnement de l'Université d'Aix-Marseille. Ces mesures ont été effectuées sur un spectromètre de masse de rapports isotopiques en flux continu (ThermoFisher Scientific, DELTA V) couplé à un analyseur élémentaire organique (ThermoFisher Scientific, Flash 2000). Cette analyse commence par une oxydation à haute température des échantillons, de sorte à produire du CO2, du N2 et de l'H2O. L'eau est alors piégée. Seuls le CO2 et le N2 atteignent le spectromètre. Ces molécules sont séparées et les atomes ionisés dans un champ magnétique qui les dévie en fonction de leur masse et les envoie vers des collecteurs spécifiques reliés à l'interface informatique.

Les résultats sont exprimés selon la notation conventionnelle δ, relative à un standard. La valeur du ratio isotopique δ est calculée suivant la formule suivante :

$$\delta X = \left(\frac{\text{Rechantillon}}{\text{Rstandard}} - 1\right) \text{x}\, 1000$$

avec X = 13C ou 15N, et le R le ratio isotopique 13C/12C ou 15N/14N.

Les pourcentages de C et de N sont obtenus grâce à l'analyseur élémentaire et ont servi au calcul des rapports C/N. Seul le foie et le muscle ont été analysée.

5.3 Correction de l'effet de taille

La relation entre la longueur du poisson et les valeurs isotopiques a été testée en utilisant une régression, sur le carbone et l'azote séparément. Quand une relation significative existait, les ratios isotopiques bruts ont été ajustés à la longueur avec la formule suivante :

$$\delta X' = \delta X - (a.FL)$$

où $\delta X'$ est la valeur isotopique ajustée, δX la valeur isotopique brute, a la pente de la régression et FL, la taille du poisson.

6 Analyses statistiques et logiciels

Lors de ces analyses statistiques, seul des tests non-paramétriques ont été effectués puisque la distribution des données ne suivait pas la loi normale. Le test de Spearman a été utilisé pour calculer la corrélation entre deux variables quantitatives. Le test de Kruskal-Wallis a été utilisé pour déterminer l'homogénéité entre plusieurs groupes indépendants. Le test de Wilcoxon a été utilisé pour étudier l'homogénéité entre deux groupes dépendants.
Les tests statistiques ont été effectués sous R (*R development core team*, http://www.r-project.org/). Le degré de significativité pour l'ensemble des tests statistiques est établi à $p < 0{,}05$. Le tableur utilisé pour l'organisation des données et le traitement de texte employé pour la rédaction de ce rapport proviennent du pack Microsoft Office. Les graphiques réalisés sous R ont généralement été finalisés au moyen du logiciel de dessin vectoriel Inkscape (www.inkscape.org/fr).

RESULTATS ET DISCUSSIONS

Les résultats détaillés sont regroupés dans la rubrique Annexe.

1 La relation taille/poids

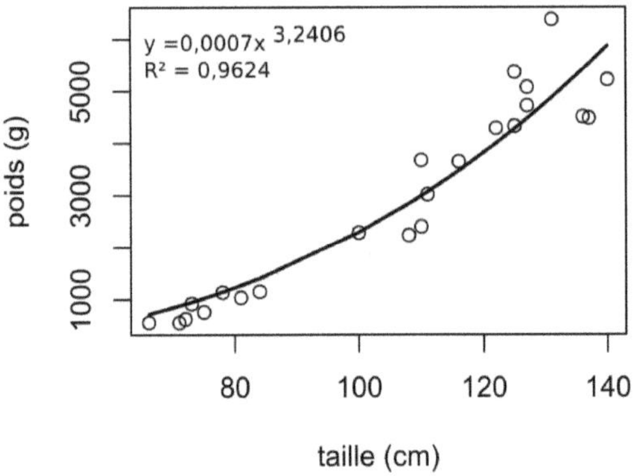

Figure 3 : Relation taille-poids des 23 congres pêchés, et résultat de la régression non-linéaire (courbe modélisée avec y le poids brut, x la longueur totale)

	N	Kc = m/a.l^b	Régression : m = aL^b	R²
Conger conger	23 (23)	1,09 ± 0,17	$6{,}41.10^{-4}.L^{3{,}2406}$	0,96
Mytilus galloprovincialis	40 (614)	1,01 ± 0,12	$2{,}05.10^{-2}.L^{3{,}1263}$	0,97
Paracentrotus lividus	24 (287)	1,15 ± 0,50	$5.10^{-4}.L^{5{,}0963}$	0,13

Figure 4 : Relation allométrique et indice de condition relative chez les trois espèces. La colonne N indique le nombre de mesures effectués dans chacune des deux unités de poids avec, entre parenthèses, le nombre total d'animaux utilisés.

Pour le congre, il en ressort des valeurs de *b* comparables à ce qui a été obtenu pour le congre sur les côtes européennes de l'Océan Atlantique (Sud-Bretagne, Portugal, Sud-Irlande)[14,15,16,2] et de Méditerranée (Mer Egée)[18], et dans le Golfe de Fos[8]. Les indices de conditions relatives sont comparables à ceux des spécimens atlantiques, notamment de Sud-Irlande[15] et des côtes nord du Portugal[17], et dans le Golfe de Fos. La cohérence de ces résultats avec la littérature appuie donc que les 23 congres montrent une croissance normale et à priori une bonne condition de santé. De plus, la pertinence de la relation spécifiée par la courbe de croissance

(R^2 = 0,9624) permet d'utiliser ces résultats afin d'évaluer approximativement l'âge des individus.

Pour *Mytilus galloprovincialis*, le coefficient d'allométrie *b* est comparable à ce qui a été obtenu sur des moules méditerranéennes du lac de Bizerte, en Tunisie et à Témara, au Maroc[32]. Les données allométriques que nous avons nous indiquent que les moules semblent en bonne santé. On peut donc utiliser ces individus pour en étudier l'accumulation de polluants sans d'interférences liés à des problèmes de croissance.

Paracentrotus lividus ne semble pas suivre une relation allométrique puisque cette dernière n'explique que 13% de la distribution des points. Cependant, une relation allométrique expliquant 68% de la distribution a pu être modélisé sur des *Paracentrotus lividus* récoltés dans la baie de Bistrina en Croatie[33].

2. Durée d'exposition potentielle des congres

D'après le modèle de Von Bertalanffy, l'âge des congres est compris entre 3 et 5 ans pour des congres jeunes (moins de 100 cm), alors que les congres adultes (supérieur à 100 cm) ont un âge compris entre 7 et 12 ans. L'âge moyen est de 7,75.

L'âge des congres informe sur la durée d'expositions aux contaminants chimiques. Il faut alors retirer la phase larvaire du congre estimée à 2 ans environ[17]. Si cela représente une majeure partie de la vie des jeunes, cela constitue moins de 30% de la vie des adultes. On peut ainsi admettre qu'ils ont passé une large majorité de leur vie (70-75 % au minimum, soit 5 à 10 ans) dans le Golfe de Fos, considérant qu'ils sont aussi sédentaires à ce stade de leur cycle de vie. Les concentrations mesurées résulteront donc d'une exposition locale (Golfe de Fos) d'une durée de 5 à 10 ans. Ainsi, la taille des poissons pourra être utilisée comme approximation de leur durée de vie et donc d'exposition.

3 La signature isotopique

En moyenne, les 23 muscles présentent des rapports isotopiques : δ13C = -17,0 ± 1,4 ‰ et δ15N = 14,7 ± 1,0 ‰. Les 22 foies présentent des rapports isotopiques : δ13C = -19,0 ± 1,9 ‰ et δ15N = 15,6 ± 1,3 ‰. Chez le muscle, le C/N moyen est de 3,23 ± 0,17 alors que chez le foie, le C/N moyen est 6,96 ± 3,01.

Les valeurs isotopiques mesurées positionnent le congre au sommet de la chaîne alimentaire dans un écosystème tel que le Golfe de Fos, comme le montre les résultats d'une récente étude conduite dans les eaux de Marseille où le loup domine la chaîne alimentaire d'un écosystème reconstitué et montre des rapports isotopiques comparables d'environ δ13C = -18,2 et δ15N = 13,9 ‰ [Cresson 2013]. A titre de comparaison, les serrans présentent des valeurs d'environ δ13C = -18,3 et δ15N = 10,0 ‰ et se positionnent donc à un niveau trophique en dessous du loup ou du congre d'après les rapports isotopiques δ15N. Cette domination peut s'expliquer par l'alimentation carnivore du congre. Dans une zone comme le Golfe, les poissons et un groupe composé par des crustacés, des mollusques sont respectivement les proies préférentielles et accidentelles (Cau et Manconi, 1984). Enfin, il faut également signaler une certaine tendance au cannibalisme. Mais, l'interprétation est encore compliquée par ce que l'on appelle le « routing isotopique » (Gannes et al. 1997, Martínez del Rio et al. 2009). Le routing isotopique correspond au fait que les différents composants issus de la nourriture, de composition isotopique distincte, sont alloués différemment aux différents tissus du consommateur pour leur constitution et leur renouvellement.

4 La taille a-t-elle un effet sur la signature isotopique ?

	Jeunes	Adultes	Total
δ15N (muscle) versus Taille	p = 0,2904 r = 0,4278	p = 0,9457 r= 0,01927	p = 0,003495 r = 0,5831
δ13C (muscle) versus Taille	p = 0,6295 r = -0,2013	p = 0,8808 r = 0,04239	p = 0,7505 r = 0,07015
δ15N (foie) versus Taille	p = 0,5745 r = 0,2593	p = 0,3252 r= 0,2839	p = 0,007991 r = 0,5501
δ13C (foie) versus Taille	p = 0,9725 r = -0,01622	p = 0,4291 r = -0,2299	p = 0,02289 r = -0,4827

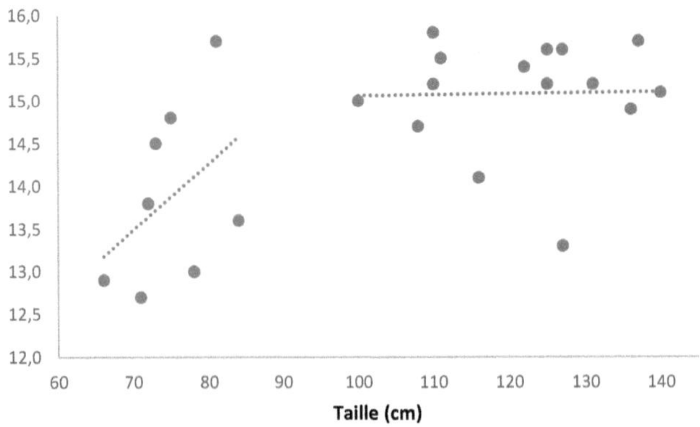

Figure 6 : En premier, les résultats des tests de corrélation de Pearson entre les ratios isotopiques du carbone (δ13C) et de l'azote (δ15N) et la taille des congres selon les tailles. En dernier, les relations entre les rapports isotopiques δ15N (‰) et la taille (cm), des muscles de congres prélevés dans le Golfe de Fos.

Chez le muscle de congre, la taille est corrélée positivement avec le δ15N de leur muscle. Des résultats similaires ont été trouvés pour d'autres espèces de poissons et sont souvent attribués, soit à une modification ontogénétique du régime alimentaire, soit à un fractionnement métabolique différentiel de l'azote avec l'âge (Beaudoin et al., 1999 ; Overman et Parrish, 2001). En effet, de nombreux poissons subissent des modifications ontogénétiques du régime alimentaires et peuvent donc occuper un certain nombre de niveaux trophiques au cours de leur cycle de vie (Winemiller, 1990). Cependant, d'autres études n'ont trouvé aucune corrélation entre la taille et les valeurs isotopiques (Rau et al 2001, Vander Zanden et Rasmussen 2001). Comme il n'y a pas de corrélation entre la longueur et le δ13C, il semble plus probable qu'il y ait une modification du fractionnement métabolique de l'azote avec l'âge et non pas un changement naturel dans le régime alimentaire.

Dans la précédente étude, en divisant les poissons en deux groupes distincts : inférieur à 100 cm et supérieur à 100 cm, on constatait une corrélation positive et ascendante pour les poissons inférieurs à 100 cm et une tendance stable sans corrélation pour les poissons supérieurs à 100 cm. Cependant, dans l'étude actuelle, les corrélations avec les deux classes de tailles ne sont pas significatives ($p > 0,05$).

5 La variabilité isotopique inter-tissus

Le δ15N des foies était, en moyenne, 0,87 ‰ plus élevé que le δ15N des muscles. Le δ13C des foies était, en moyenne, 2,03 ‰ plus faible que le δ13C des muscles. Le test de Wilcoxon montre qu'il y a bien une différence significative pour le δ13C et le δ15N des foies et des muscles ($p = 0,0005$ et $p = 0,03$ respectivement). Les foies sont donc significativement plus élevés en δ15N et plus faibles en δ13C que les muscles.

Cette différence serait liée au métabolisme de régénération des tissues. Le foie a un métabolisme plus rapide que le muscle. Les signatures isotopiques de chaque tissu métaboliquement distinct représenteraient une période différente d'alimentation [McNeil, 2005]. Cela suggérerait que ces différences reflètent une variation récente de l'alimentation chez nos 23 congres. Cette hypothèse est en adéquation avec une étude faite sur des congres en Algérie qui a démontré un comportement alimentaire différent selon la saison considérée. [SEDDIKIOUI, 2011].

De plus, ces différences de signatures isotopiques entre les différents tissus, ainsi que les différences de fractionnement isotopique entre ces différents tissus peuvent s'expliquer, par exemple, pour le carbone, par la composition en lipides et en acides aminés des différents tissus, et de la signature même en carbone 13 de ces différentes lipides et acides aminés (Hare et al, 1991). Les lipides sont appauvris en 13C par rapport aux autres constituants cellulaires, à cause des processus de fractionnement qui ont lieu pendant leur formation (De Niro et Epstein 1977).

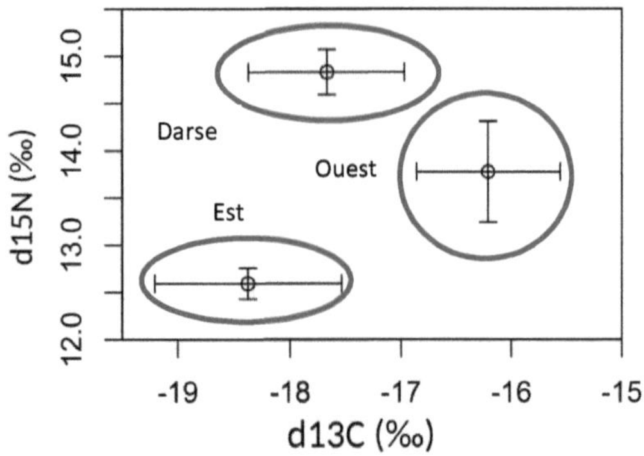

Figure 5 : Valeurs moyennes des rapports isotopiques δ15N (en ordonnée) et δ13C (en abscisse) (‰) après correction de l'effet de taille. Les barres indiquent les intervalles de confiance à 95 %.

6 La variabilité géographique des isotopes stables

Le golfe a été séparé en trois zones différentes dans le cadre de cette étude, dont une zone Est et Ouest, partagées par une ligne reliant la pointe de la Gracieuse au port de plaisance de Fos – Saint-Gervais. La dernière partie correspond aux darses. Pour l'analyse des rapports isotopiques en fonction du lieu, les résultats en δ15N ont d'abord été corrigés de l'influence de la taille. Les valeurs en δ15N ont ainsi pu être ajustées afin de dissocier l'effet géographique puisque c'est le seul à présenter une relation significative avec la taille (Voir Figure 5 et 6).

Le test de Kruskal-Wallis a été effectué pour savoir si il y avait au moins une zone qui différait montre qu'il y a au moins une zone qui diffère des autres en termes de ratio isotopique de l'azote ($p = 0,0039$), quelle que soit la taille des poissons, et aucune en fonction du ratio du carbone. D'après le test post-hoc de Dunn, le δ15N dans les darses est significativement supérieur aux autres zones ($p = 0,005$). C'est la même conclusion que la précédente étude sur les congres dans le Golfe[8]. La disponibilité en ressources alimentaires riches en 15N est donc plus grande dans les darses que dans le reste du Golfe. Cette disponibilité peut provenir du Rhône, par le Canal du Rhône à Fos, et par le Canal d'Arles à Bouc ou bien elle peut provenir des différents rejets d'eaux usées présent dans la darse. L'autre possibilité serait simplement une biodisponibilité de la nourriture différente en fonction de la zone.

Néanmoins, la figure X montre des variations pouvant s'expliquer par des perturbations dans le cycle du carbone. La cause probable est le carbone des sources terrestres arrivant dans la zone côtière des ports et des darses. Elles peuvent également être le résultat d'un mélange plus ou moins variable entre eaux douces et salées [Fry and Sherr, 1984 ; Fry, 2002 ; Harrod et al, 2005], ce qui pourrait s'expliquer par les deux sources d'eau douces, à savoir l'Etang de Berre et le Rhône.

7 Analyse de teneur en eau et en matière grasse

Echantillon	N	Teneur lipidique (%)		Teneur en eau (%)	
		Moyenne	ET	Moyenne	ET
Conger conger (muscle)	23 (23)	3,7	1,8	76,9	1,6
Conger conger (foie)	22 (22)	25,3	17,3	67,3	7,5
Mytilus galloprovincialis	40 (614)	7	1,9	82,8	3,5
Paracentrotus lividus	24 (287)	12,7	2,2	71,1	6,9

Figure 7 : Valeurs moyennes de la teneur lipidique et en eau (%) avec l'écart-type (ET, %), pour chaque type d'échantillon.

Les espèces diffèrent entre elles, en teneur lipidique et en teneur en eau. Le plus riche en eau est naturellement *la Mytilus galloprovincialis*, comme les Mollusques de manière générale. A l'opposé, le foie de *Conger conger*, montrent des valeurs plus faibles. Le plus riche en lipides est logiquement le foie de *Conger Conger* tandis que le plus faible est le muscle de congre, ce n'est pas une surprise puisque le muscle de congre est connu pour être peu gras (Figure X)

	L extrême (%)	Régression : L = a.CsN + b	R^2
Conger conger (muscle)	1,56 à 9,06	8,92.CsN - 25,09	0,73
Conger conger (foie)	6,78 à 60,77	3,70.CsN - 0,16	0,44

Figure 9 : Relations entre le pourcentage lipidique et le rapport C/N. L indique le pourcentage lipidique.

Une régression linéaire a été appliquée entre le pourcentage lipidique et le rapport carbone sur azote pour le muscle et le foie de congre (Voir Figure 8). Pour le muscle, il y a un coefficient de détermination de 0,73 tandis que pour le foie, il y a un coefficient de détermination de 0,44. Cela confirme l'idée que le rapport C/N servirait de modèle pour prédire le contenu lipidique chez le poisson. (Fagan et al, 2001). La majorité des valeurs du ratio C/N des muscles est située entre 3 et 4 montrant que les muscles sont faiblement enrichis en lipides. (De Niro, 1985 ; Matthews et Mazumder, 2005).

La teneur lipidique est significativement corrélée avec le poids (p = 0,002 et r = 0,61). 4Ces résultats trouvés confirment l'étude faite par Morkore et Rorvik en 2001 qui a trouvé chez des muscles de saumons de 240 g, 3-4% de matière grasses et chez des spécimens de 5 kg, 17-19% de matières grasses. Nos congres sont normalement enrichis en lipides. Or, le caractère lipophile de nombreux composés halogénés, y compris les halophénols, rend possible leur concentration dans la matière vivante. Il serait donc important d'en étudier la corrélation dans le congre. Quoi qu'il en soit, ces teneurs spécialement faibles en lipides pourront avoir un effet négatif sur la teneur des organohalogénés recherchés. Le foie serait donc le tissu idéal chez le congre, comparé aux muscles, pour étudier la biocontamination par les organohalogénés au regard de ses teneurs plus élevés en lipides.

MISE AU POINT D'UNE METHODE D'EXTRACTION DES HALOPHENOLS DANS LE CONGRE

MATERIELS ET METHODES

1 Analyse GC-ECD

L'analyse de la phase organique contenant les SPC est effectuée avec un chromatographe en phase gazeux de marque Perkin Elmer Clarus 580 couplé à un détecteur à capture d'électrons ^{63}Ni. Le logiciel d'acquisition et d'exploitation des données est le logiciel TurboMass. La colonne chromatographique utilisée est une colonne Perkin Elmer Elite-5MS de 30 m de longueur, de 0,25 mm de diamètre interne et avec une phase stationnaire de 1 µm d'épaisseur. L'échantillonneur est programmé pour injecter 1,0 µl. Le gaz vecteur et makeup sont l'hélium (1 ml/min) et l'azote (30 ml/min). Les températures de l'injecteur et du détecteur sont respectivement de 200°C et 310°C. Le gaz vecteur a un débit de 20 ml/min. Le programme de température du four est le suivant : initialement 35°C pendant 5 min augmentant à 220°C à une vitesse de 7°C/min, puis à une vitesse de 5°C/min jusqu'à 240°C, où la température est maintenue pendant 7 min.

2 Critère d'évaluation de la méthode

2.1 Linéarité

La linéarité est la capacité dans un intervalle donné d'obtenir des résultats de dosage directement proportionnels à la concentration. Elle a été mesurée sur une gamme de quatre points allant de 4 µg/kg à 15 µg/kg de poids sec. Cette gamme est assez restreinte. En dessous de 4 µg/kg, on ne détectait pas les halophénols.

2.2 Répétabilité

La répétabilité a été mesuré sur la base de 10 répétitions, en utilisant le coefficient de variation. Le coefficient de variation est une mesure relative de la dispersion des données autour de la moyenne. Le coefficient de variation se calcule comme le rapport de l'écart-type rapporté à la moyenne, et s'exprime en pourcentage. Lorsque l'écart-type et la moyenne proviennent des mesures répétées sur un même individu, le coefficient de variation devient une mesure importante de la fiabilité.

2.3 Rendement d'extraction

Le rendement d'extraction a été mesuré en divisant le signal chromatographique, pour une concentration finale choisie, obtenu par notre méthode par le signal de la méthode utilisée pour la détermination des polluants dans l'eau, pour une même concentration finale. Cette méthode dans l'eau est connue au LCE pour avoir un rendement proche de 100 %. (Manasfi et al, 2018).

RESULTATS ET DISCUSSION

1 Comparaison de différentes techniques d'extraction

Il était nécessaire de comparer différentes techniques d'extractions pour la suite des essais afin d'obtenir l'extraction la plus adaptée, efficace et fiable possible. Le travail commence donc par adapter plusieurs protocoles issus de la bibliographie pour essayer d'obtenir une seule extraction.

1.1 Méthode de Kondo

L'une des techniques préparatives essayées est une extraction réalisée par l'Institut National des Etudes Environnementales au Japon dans le médaka (*Oryzias latipes*) par Takuya Kondo[10]. La méthode inspirait de Kondo et al. consistait d'abord à placer la matrice biologique dopée par une solution d'étalon dans un tube de 50 ml. La matrice biologique était ensuite digérée pendant 1 jour à l'abri de la lumière et à température ambiante avec 20 ml à 50% d'H2SO4 dans l'eau ultrapure afin de décomposer la matrice organique et solubiliser les halophénols. L'extraction était alors faite avec 10 ml d'hexane ajoutée dans le tube et le mélange était remué au vortex pendant 1 min à 3000 tr/min. Après que le mélange soit séparé en une phase acide et organique, la phase organique a été récupérée. La phase acide a été extraite deux fois avec 5 ml d'hexane. La phase organique combinée a été extraite deux fois avec 5 ml d'NaOH à 5%. La phase alcaline combinée a été mixée avec 1 ml d'anhydride acétique pendant 1 min. Les HPs acétylés ont été ensuite extraits avec 10 ml de MTBE. La phase organique a été concentré jusqu'à 1 ml par évaporation sous flux d'azote. 200 µl sont récupérés dans un vial chromatographique pour injection en GC/ECD.

D'après les chromatogrammes, beaucoup d'interférents n'ont pas été retenu durant les différentes étapes d'extraction et les signaux d'intérêts n'apparaissaient pas. Plusieurs raisons possibles à cela : Premièrement, la méthode a été conçu par Kondo et al. pour de la chromatographie gazeuse couplée à de la spectrométrie de masse en mode SIM/IE, et non pour un détecteur à capture d'électrons. Deuxièmement, la méthode adaptée à quelques points de divergences avec la méthode originale. L'étude préconisait de laisser à digérer pendant 2 jours au lieu de 1 mais je ne pense pas que cela ait affecté le résultat final. La méthode préconisait ensuite d'utiliser un solvant d'extraction binaire hexane/benzène. Le benzène étant classé par le CIRC comme cancérogène, il fallait trouver un autre solvant d'extraction. Des essais avec du MTBE ont été donc réalisés puisque c'est le solvant habituellement utilisé par le LCE pour les HPs et le solvant compatible avec la méthode chromatographique mais ils n'ont pas été concluant. Effectivement, la récupération de la phase organique était impossible puisque le mélange était parfaitement homogène. L'extraction n'a donc pas été concluante.

1.2 Extraction ASE

Une autre technique d'extraction essayée était l'extraction par liquide pressurisé (PLE), aussi appelé extraction par solvant accélérée (ASE). C'est une technique d'extraction solide-liquide. L'équipe « TRAME » dans lequel je faisais mon stage lors de ma période au LCE n'étant pas équipé de l'appareil, les essais effectués sur cette technique ont été réalisé chez l'équipe « IRA » qui possède un Dionex 350. Des essais sur des échantillons dopés, non pas avec une solution étalon d'HPs mais avec une solution étalon de THMs, HANs et i-THMs, ont été réalisés pour tester la capacité de la méthode à extraire des analytes quelconques de la matrice biologique.

Solvant	DCM/MTBE/DCM-Acetone
Pression	100 bar
Température	100 °C
Temps de chauffage	2 minutes
Nombre de cycles	5
Volume de rinçage	35 % pour chaque extraction
Temps de purge	150 secondes

Figure 10 : Condition d'extraction pour l'ASE

Les résultats étaient encourageants puisque les signaux des THMs, HANs et i-THMs étaient quantifiables. La quantité de solvant récupéré à l'issu de l'extraction représente une quantité importante, ce qui constitue un inconvénient car cela entraîne une évaporation longue. Cette technique a pourtant des avantages liés à l'automatisation et souvent à une meilleure extraction.

Les contraintes de disponibilités de l'appareil et une panne de quelques semaines du générateur d'azote pour l'appareil ASE ont fait que les expérimentations n'ont pas pu être continués. Toutefois, l'ASE reste une piste sérieuse pour l'extraction des contaminants d'une matrice organique pour la suite du développement de la méthode.

1.3 Extraction QuEChERS

La troisième méthode d'extraction essayée est la méthode QuEChERS pour Quick, Easy, Cheap, Effective, Rugged, and Safe. En français : rapide, facile, abordable, efficace, robuste et sûre. D'après les dates de première apparition de la méthode, elle a commencé à être utilisée il y a une quinzaine d'année pour analyser les pesticides dans les fruits et légumes[11]. Mais depuis, les protocoles publiés sont divers et variés mais très peu sur le poisson, la moule et l'oursin.

Cette méthode[11] commence par une étape d'extraction par la mise en place de la matrice, solubilisée dans l'eau, en solution dans l'acétonitrile (ACN), puis à rajouter du chlorure de sodium (NaCl). Le but est de séparer l'échantillon en deux phase distinctes à savoir la phase aqueuse et organique (ACN). Le chlorure de sodium augmente la force ionique de la phase aqueuse ce qui repousse la phase organique et limite la solubilité des composés organiques dans la phase aqueuse.

Pour cette méthode préparative, différents paramètres ont été explorés. Tout d'abord, lors de l'étape d'extraction, j'ai ajouté, au moment de la solubilisation des échantillons dans l'eau, 1 ml d'acide sulfurique. Le pKa du 2,4 DBP, 2,6 DBP, 2B4CP et du 2,4,6 TBP vaut respectivement 7.79, 6.79, 7.98 et 6.80. Selon le pH du mélange, nos analytes seront donc sous leurs formes ionisés (affinité avec la phase aqueuse) ou sous leurs formes neutres (affinité avec la phase organique). L'eau utilisée est une eau ultrapure dont le pH est de 7,00. A pH = 7,00, les deux formes coexistent. Pour que la forme neutre soit majoritaire à 99%, il faut que le pH vaille pKa-3 donc environ 3,50. L'ajout d'1 ml permet donc de descendre au pH désiré.

Ensuite, la méthode de dérivation a été optimisé. Dans le laboratoire, la méthode commune de dérivation des HPs consiste à une acétylation sous assistance basique avec de l'anhydride acétique et du carbonate de sodium. Or, ce dernier ne se dissout pas dans l'ACN. Il ne peut déprotoner les phénols. Effectivement, l'analyse a montré aucun de nos signaux d'intérêts. Des essais ont été ensuite réalisés avec le TMAH. L'acétylation a bien eu lieu d'après la présence de nos signaux. Le meilleur moment de dérivation a aussi été optimisé. En effet, trois essais ont été réalisés. Le premier est une dérivation juste avant l'extraction QuEChERS sans, le second est une dérivation dans l'ACN récupéré après l'extraction QuEChERS et le troisième consistait à dériver après la prochaine étape de purification. Le premier et troisième essai n'étaient pas encourageants puisqu'il n'y avait aucun composé d'intérêt détecté. Et donc, on a gardé la deuxième méthode, où l'agent de dérivation est ajouté dans l'ACN après l'extraction QuEChERS.

1.4 Extraction par SPE

Après avoir optimisé la méthode de dérivation, le but était de confronter différents types de méthodes de purification et son importance. Trois approches ont été réalisés : la première approche est la purification sur phase solide dispersée (dSPE). L'autre approche est la purification sur cartouche SPE. La dernière approche était de pas purifier l'extrait. Les deux premières approches ont été comparées et sont décrites ci-dessous :
Purification dSPE : l'extrait est ajouté à la cartouche dSPE. Après agitation mécanique pendant 1 min à 3000 tours/min, l'extrait est mis à centrifuger pendant 5 min, à 5000 tours/min. La phase organique est récupérée puis évaporée jusqu'à 500 µL.

Purification par SPE : L'extrait est ajouté entièrement dans la cartouche. Après purification sur cartouche SPE, l'extrait est évaporé sous azote jusqu'à 500 µL.

Les résultats nous ont montré que la purification dSPE n'était pas concluants. En effet, les signaux n'apparaissent pas. Les analyses des extraits non purifiés ont totalement encrassé le système chromatographique : la colonne, le liner, le détecteur. Il faudra donc trouver une méthode efficace pour purifier notre échantillon afin d'éliminer, au maximum, les interférents tels que les lipides pouvant encrasser le système d'analyse et perturber la détection. Les résultats sur cartouche SPE sont développés dans les paragraphes ci-dessous.

Le point de départ était de définir quelle phase stationnaire était la plus adaptée aux HPs acétylés. Trois phases stationnaires ont été testés, une phase C18, une phase Florisil et une phase EnviChrom. Des trois phases, la phase Florisil a montré une purification plus efficace. Les pics obtenus pour nos HPs sont moins perturbés par la matrice, le chromatogramme étant celui qui paraissait le plus propre mais les aires de pics sont les plus basses. En effet, la purification par les autres phases ne permet pas d'éliminer toutes les interférences permettant une quantification et une préservation du système chromatographique. De plus, les extraits issus de la purification sur cartouche SPE sont beaucoup plus limpides que ceux issus de la purification dSPE.

Florisil	**2B4CP**	**24DBP**	**26DBP**	**246TBP**
Aire	221800	483700	390000	596577

C18	**2B4CP**	**24DBP**	**26DBP**	**246TBP**
Aire	436000	933900	630000	1195499

EnviChrom	**2B4CP**	**24DBP**	**26DBP**	**246TBP**
Aire	240000	772400	290000	1074646

Figure 11 : Influence des différentes phases stationnaires sur la rétention des composés.

Par ailleurs, le second objectif était de déterminer quel solvant utilisé pour conditionner la cartouche. Le conditionnement de la phase stationnaire est obligatoire pour permettre de la mouiller et d'activer les sites de rétentions, lieu des interactions moléculaires. Une phase hydrophobe est conditionnée avec un solvant polaire alors qu'une phase hydrophile est conditionnée avec un solvant apolaire. Trois solvants ont été testés, l'hexane, le MTBE et l'Acétonitrile. Les essais avec l'hexane n'ont pas été concluant. Assurément, les pics d'intérêts n'apparaissaient pas. Les essais avec les deux autres solvants étaient plus satisfaisants mais il y avait une meilleure sensibilité pour les extraits issus du conditionnement au MTBE.

Pour le dépôt de l'échantillon sur la cartouche, le but était de provoquer la rétention des analytes sur la phase stationnaire alors que le maximum d'interférents doit être éliminé par le simple fait de ne pas être retenu. Pour une meilleure efficacité, la vitesse d'écoulement de l'échantillon à travers la phase devait être modérée et bien ajustée.

Pour l'élution des composés, le choix du solvant a surtout été guidé par sa compatibilité avec la technique analytique, le MTBE. La vitesse d'écoulement du solvant d'élution devait être la plus lente possible pour favoriser au maximum l'élution de nos composés.

2 Protocole final d'extraction retenu

A la fin de toutes ces expérimentations, un protocole a été obtenu se basant sur l'extraction QuEChERS et une purification supplémentaire par SPE.

- ✓ Prélever 500 mg de matrice biologique lyophilisé
- ✓ Ajouter 10 ml d'eau ultrapure.
- ✓ Agiter au vortex pendant 1 min à 3000 tours/min
- ✓ Ajouter 1 ml d'H2SO4 et 25 ml d'ACN
- ✓ Agiter à nouveau
- ✓ Ajouter l'équivalent d'une spatule de sel de NaCl (environ 5 g)
- ✓ Agiter à nouveau
- ✓ Centrifuger pendant 5 min à 5000 tours/min
- ✓ Récupérer l'ACN
- ✓ Ajouter 200 µl de TMAH et 500 ml d'anhydride acétique
- ✓ Agiter au vortex
- ✓ Concentrer jusqu'à 5 ml, à 45°C, sous jet d'azote
- ✓ Conditionner la cartouche SPE Florisil avec 3 ml de MTBE
- ✓ Mettre l'échantillon dans la cartouche SPE
- ✓ Eluer l'échantillon à une vitesse modérée (goutte à goutte)
- ✓ Sécher la phase sous vide
- ✓ Collecter, avec 1,5 ml de MTBE dans un vial à une vitesse modérée (goutte à goutte)
- ✓ Concentrer sous jet d'azote jusqu'à 500 µl.

3 Validation de la méthode

3.1 Répétabilité

Les aires chromatographiques issus de 10 répétitions sont présentées dans le tableau ci-dessous :

	246TBP	24DBP	26DBP	2B4CP
1	2202761	1365743	1836580	854955
2	2256918	1286291	1751148	857744
3	2749212	1667167	2178356	912964
4	2009967	1046773	1393662	530155
5	2910156	1601301	2209852	1044252
6	1952618	1131034	1518374	978935
7	2541268	1461453	1991466	1041439
8	2704247	1500950	2107234	804727
9	1833708	963240	1340191	565935
10	3565872	1721730	2660780	

	246TBP	24DBP	26DBP	2B4CP
MOYENNE	2472672,7	1374568,2	1898764,3	843456,222
ET	503340,249	249976,939	393084,587	176293,302
CV	20,36%	18,19%	20,70%	20,90%

Figure 12 : Aires des différents composés recherchés pour l'évaluation de la répétabilité avec la moyenne, l'écart-type et le coefficient de variation es différents composés

Les coefficients de variations sont compris entre 18,19 % pour le 2,4-dibromophenol et 20,90 % pour le 2-bromo-4-chlorophenol. Au regard de la matrice complexe et de la longueur de la méthode, la méthode a une bonne répétabilité.

3.2 Rendement d'extraction

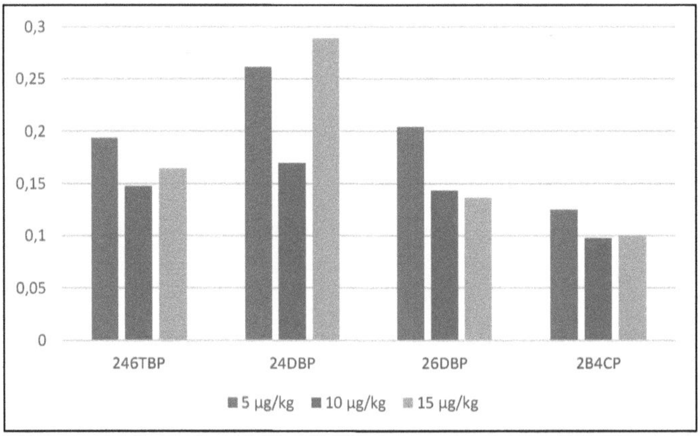

Figure X : Rendement d'extraction des quatre composés à différentes concentrations.

La figure X montre les rendements de la méthode d'extraction. Le 2-bromo-4-chlorophenol a le plus faible rendement. Le 2,4-dibromophenol a le rendement le plus élevé. Le 2,4,6-tribromophenol et le 2,6-dibromophenol ont des rendements similaires.

Les rendements d'extraction sont relativement faibles, mais avec une répétabilité assez bonne. En dessous de 70%, pour la quantification, il est conseillé d'utiliser un étalon interne pour corriger les pertes à l'extraction et la variabilité. Le grand nombre d'étape de la méthode augmente les risques de diminution du rendement. Parmi les nombreuses étapes, la plus susceptible de causer le maximum de pertes serait l'extraction sur cartouche SPE. En effet, la phase stationnaire choisi avait la plus faible sensibilité vis-à-vis des analytes. Cependant, ces faibles rendements ne sont pas surprenants.

3.3 Linéarité

Analyte	Coefficient de détermination	Gamme (µg/kg de poids sec)
2,4,6-tribromophenol	0,9775	4-5-10-15
2,6-dibromophenol	0,9875	4-5-10-15
2,4-dibromophenol	0,8572	4-5-10-15
2-bromo-4-chlorophenol	0,9849	4-5-10-15

Figure 13 : Etude de la linéarité de la méthode pour les quatre composés.

Les coefficients de détermination sont compris entre 0,8572 pour le 2,4-dibromophenol et 0,9875 pour le 2,6-dibromophenol.

En considérant la matrice complexe, la linéarité est plutôt bonne sauf pour le 2,4-dibromophenol avec un coefficient de 0,86. Cela pourrait provenir de la répétabilité de la méthode. Pour éviter ce problème, il faudra procéder à un étalonnage interne. Ainsi, la courbe d'étalonnage ne sera plus établie en fonction de la concentration de l'analyte mais en fonction du rapport des concentrations entre l'analyte et l'étalon interne.

4 Teneurs en halophénols dans le Golfe du Fos

Sur les 4 HPs recherchés dans les muscles de congres péchés sur différents sites, seulement le 2,4-dibromophenol (2,4-DBP) a pu être quantifié et seulement à Port-de-Bouc (Station 16), à une concentration de 4,57 µg/kg de poids sec ou 1,06 µg/kg de poids frais.

C'est la première fois que le 2,4-DBP est détecté dans le muscle de congres dans le Golfe de Fos mais il a déjà été détecté dans des muscles de poissons de Salvador, au Brésil (Oliveira et al 2018) à des concentrations bien supérieur à ceux détectés ici, allant jusqu'à 158 µg/kg de poids frais et à des concentrations similaires dans du saumon vers le lac Michigan au nord des Etats-Unis (Boyle et al, 1992).

Lors de la précédente étude sur le congre, il n'y a que le 2,4,6-TBP qui avait pu être détecté à des concentrations allant de 11,2 à 41,56 µg/kg de poids sec dans les muscles. Il est surprenant de ne pas trouver de nouveau le 2,4,6-TBP puisqu'il possède un facteur de bioconcentration nettement plus élevé que les autres halophénols. Basé sur la répartition géographique des poissons contaminés près des exutoires d'eaux chlorées dans la précédente étude sur le congre, les auteurs ont suggéré que la contamination du poisson par le 2,4,6-tribromophénol est dû, en parti, aux rejets d'eaux chlorés. Dans la présente étude, le poisson contaminé ne provenait pas d'une station proche d'un exutoire, sachant que les exutoires les plus proches sont l'exutoire d'Elengy à Fos-Cavaou (Station 12) et l'exutoire de Lavéra dans l'Anse d'Auguette (Station 13). Les bromophénols peuvent être produits à partir de sources naturelles et anthropiques (OMS, 2005). Les sources naturelles comprennent les organismes marins tels que les algues et animaux benthiques, tandis que les sources anthropiques comprennent la chloration de l'eau de mer et l'usage comme intermédiaire réactionnel dans la production de retardateurs de flamme.

CONCLUSION

Au cours de ce stage, l'objectif principal était de mettre au point une méthode d'extraction des HPs dans le vivant et de l'appliquer à un écosystème tel que le Golfe de Fos. Ce sujet s'inscrit dans le cadre du projet FOSSEA de l'IECP et du LCE. Il était nécessaire que le laboratoire développe des méthodes appropriées pour étudier la bioaccumulation des sous-produits de chloration dans les organismes marins du Golfe. Mais le sujet est également important d'un point de vue recherche technique, par la maîtrise au LCE de cette matrice difficile à exploiter.

Dans ce but, l'extraction de Kondo et al., l'extraction ASE, l'extraction QuEChERS puis l'extraction SPE ont été testées. Les recherches ont été effectuées les unes après les autres afin de bien dissocier l'efficacité de chacun d'elles. L'ensemble des résultats sur les 4 SPCs recherchés a été pris en compte. Le conditionnement de l'échantillon, le pH, la méthode de dérivation, la phase stationnaire, les sels utilisés, la méthode de purification ont ainsi été optimisés, afin d'obtenir une méthode de dosage la plus efficace possible.

Les résultats de la comparaison des quatre techniques d'extraction illustrent que l'obtention d'une extraction unique est difficile avec une matrice aussi complexe contenant des molécules ayant des propriétés physico-chimiques différentes. C'est pourquoi le choix de la méthode final s'est dirigé vers une extraction en deux parties. L'évaluation a permis d'évaluer approximativement plusieurs critères comme la répétabilité, la linéarité et le rendement. Ces résultats démontrent que la méthode a un rendement limité et une répétabilité acceptable pour ce type de matrice. Des recherches supplémentaires doivent être orientés notamment sur l'extraction ASE pour améliorer le rendement.

Quoiqu'il en soit, les résultats remplissaient les objectifs fixés et ont permis d'appliquer la méthode d'analyse. Parmi 23 individus et 4 polluants, un seul est contaminé au 2,4-dibromophenol, loin des exutoires industriels. De futurs travaux et une étude inter-laboratoire devraient finaliser la méthode et compléter la validation, et montrer si oui ou non, ces résultats moins élevés qu'attendus sont liés aux conditions environnementales ou à une problématique analytique.

Le second objectif était de caractériser les trois organismes marins par des études isotopiques et biologiques. Une régression non linéaire a pu démontrer que les congres et moules semblaient dans de bonnes conditions physiques. Les ratios δ15N et δ13C des muscles et des foies de congres ont démontré une dépendance avec la taille, des différences métaboliques inter-tissus et une disparité dans le Golfe, notamment au niveau des darses. Un modèle de régression a été établi pour prédire le pourcentage lipidique à partir du ratio C/N.

BIBLIOGRAPHIE

1. **Allen, B.L., Cohen, A.K., Ferrier, Y., Lees, J., 2017.** FOSEPSEAL : Etude participative en santé environnement ancrée localement sur le front industriel de Fos-sur-Mer et Port-Saint-Louis-du-Rhône. Rapport final, janvier 2017.
2. **Allonier, A.-S., Khalanski, M., Camel, V., Bermond, A., 1999.** Characterization of chlorination by-products in cooling effluents of coastal nuclear power stations. Marine Pollution Bulletin 38, 1232–1241.
3. **Khalanski, M., Jenner, H.A., 2012.** Chlorination Chemistry and Ecotoxicology of the Marine Cooling Water Systems, in: Rajagopal, S., Jenner, H.A., Venugopalan, V.P. (Eds.), Operational and Environmental Consequences of Large Industrial Cooling Water Systems. Springer US, Boston, MA, 183–226.
4. **Allonier, A.-S., Khalanski, M., Bermond, A., Camel, V., 2000.** Determination of trihalomethanes in chlorinated sea water samples using a purge-and-trap system coupled to gas chromatography. Talanta 51, 467–477.
5. **Taylor, C.J.L., 2006.** The effects of biological fouling control at coastal and estuarine power stations. Marine Pollution Bulletin 53, 30–48.
6. **Pignata, C., Fea, E., Rovere, R., Degan, R., Lorenzi, E., de Ceglia, M., Schilirò, T., Gilli, G., 2012.** Chlorination in a wastewater treatment plant: acute toxicity effects of the effluent and of the recipient water body. Environmental Monitoring and Assessment 184, 2091–2103.
7. **Deng, J., Liu, C., Yu, L., Zhou, B., 2010.** Chronic exposure to environmental levels of tribromophenol impairs zebrafish reproduction. Toxicology and Applied Pharmacology 243, 87–95.
8. **Dron J., Revenko G., Chamaret P., 2017.** Évaluation de la contamination chimique du milieu marin dans le Golfe de Fos par la mesure de polluants dans les muscles de congres. Rapport d'Étude, Institut Écocitoyen pour la Connaissance des Pollutions.
9. **Duchez, A., 2011.** Contrôle du courant Nord Méditerranéen dans le golfe du Lion : une approche par simulation du système d'observation. Thèse de doctorat en Sciences de la Terre et de l'Univers, Université de Toulon, France.
10. **Ulses, C., Grenz, C., Marsaleix, P., Schaaff, E., Estournel, C., Meulé, S., Pinazo, C., 2005.** Circulation in a semi-enclosed bay under influence of strong freshwater input, Journal of Marine Systems 56, 113-132.
11. **Pinazo, C., Fraysse, M., Doglioli, A., Faure, V. M., Pairaud, I., Petrenko, A., Thouvenin, B., Tronczynski, J., Verney, R., Yohia, C., 2013.** MASSILIA : Modélisation de la baie de Marseille : Influence des apports anthropiques de la métropole sur l'écosystème marin. Rapport Scientifique, IFREMER.
12. **Dao, K. T., 2011.** Caractérisation du risque, pour le milieu marin, associé à l'électrochloration des eaux marines à des fins industrielles, application au Golfe de Fos. Université Aix-Marseille & Institut Ecocitoyen pour la Connaissance des Pollutions.

13. **Le Cren, ED., 1951.** The lenght-weight relationship and seasonal cycle in Gonad weight and condition in the perch (Perca fluviatilis). Journal of Animal Ecology 20, 201-219.
14. **Flores-Hernandez, D., 1990.** Les pêcheries de Congre (Conger conger L.) dans le Mor Braz, Bretagne Sud (Eléments de la biologie et de gestion de la ressource. Thèse de Doctorat en Océanographie, Université d'Aix-Marseille II.
15. **Sbaihi, M., 2001.** Reproductive biology of the conger eel from the south coast of Brittany, France and comparison with the European eel. Journal of Fish Biology 59, 302-318.
16. **O'Sullivan, S., Moriarty, C., Fitzgerald, R., Davenport, J., Mulcahy, M.F., 2003.** Age, growth, and reproductive status of the European conger eel, Conger Conger L in Irish coastal waters. Fisheries Research 64, 55-69.
17. **Correia, A.T., Manso, S., Coimbra, J., 2009.** Age, growth and reproductive biology of the European conger eel (Conger conger) from the Atlantic Iberian waters. Fisheries Research 99, 196-202.
18. **Filiz, H., Bilge, G., 2004.** Length–weight relationships of 24 fish species from the North Aegean Sea, Turkey. Journal of Applied Ichthyology 20, 431– 432.
19. **Ostrom, P. H., Fry, B., 1993.** Sources and cycling of organic matter within modern and prehistoric food webs, in : Engel, M. H., Mackom, S. A. (Eds.), Organic Geochemistry : Principles and Applications, Plenum, New York, NY (1993), 785-798.
20. **Sulzman, E. W., 2007.** Stable isotope chemistry and measurement : A primer, In : Michener, R. H., Lajtha, K, (Eds.), Stable Isotopes in Ecology and Environmental Science. Malden, Oxford, Carlton : Blackwell Publishing Ltd, 1-21.
21. **Fry, B., 2006.** Stable Isotope Ecology. Springer, New York, NY.
22. **Darnaude, A,. 2003.** Apports fluviaux en zone côtière et réseaux trophiques marins benthiques : Transfert de matière organique particulaire terrigène jusqu'aux poissons plats au large du Rhône. Thèse de Doctorat en Biosciences de l'environnement, chimie et santé, Université d'Aix-Marseille II.
23. **Tieszen, L. L., Boutton, T. W., Tesdahl, K. G., Slade, N.A., 1983.** Fractionation and turnover of stable carbon isotopes in animal tissues : Implication for d13C analysis of diet. Oecologia 57, March 1983, 32-37.
24. **Michener, R. H., Kaufman, L., 2007.** Stable isotope ratios as tracers in marine food webs : an update. In : Michener R. H., Lajtha, K. (Eds.), Stable isotopes in ecology and environmental science. Oxford, Wiley, 238-282.
25. **DeNiro, M. J., Epstein, S., 1978.** Influence of diet on the distribution of carbon isotopes in animals. Geochimica et Cosmochimica Acta 42, 495-506.
26. **Minagawa, M., Wada, Eitaro., 1984.** Stepwise enrichment of 15N along food chains : Further evidence and the relation between d15N and animal age. Geochimica et Cosmochimica Acta 48, 1135-1140.
27. **Peterson, B. J., Fry, B., 1987.** Stable isotopes in ecosystem studies. Annual Review of Ecological Systems 18, 293-320.
28. **Post, D. M., 2002.** Using stable isotopes to estimate trophic position : models, methods and assumptions. Ecology 83, 703-718.

29. **Hesslein, R. H., Hallard, K. A., Ramlal, P., 1993.** Replacement of Sulfur, Carbon and Nitrogen in tissue of growing broad whitefish (*Coregonus nasus*) in response to a change in Diet Traced by d34S, d13C and d15C. Journal Canadien des sciences halieutiques et aquatiques 50, 2071-2076.
30. **Guelinkx, J,. Maes, J., Van Den Driessche, P., Geysen, B., Dehairs, F., Ollevier, F., 2007.** Changes in d13C and d15N in different tissues of juvenile sand goby *Pomatoschistus minutus* : a laboratory diet-switch experiment. Marine Ecology Progress Series 341, 205-215.
31. **Layman, C. A., Araujo, M. S., Boucek, R., Hammerschlag-Peyer, C. M., Harrison, E., Jud, Z. R., Matich, P., Rosenblatt, A. E., Vaudo. J. J., Yeager, L.A., 2012.** Applying stable isotopes to examine food-web structure : An overview of analytical tools. Biological Reviews 87, 454-562.
32. **Aloui-Bejaoui, N., Le Pennec, M., Rezgui, S., Maamouri, F., 2002.** Influence du cycle de reproduction et des conditions du milieu sur la croissance pondérale de *Mytilus galloprovincialis* basée sur l'utilisation d'un animal standard. Marine Life 12, 47-57.
33. **Tomsic, S., Conides, A., Dupcic Radic, I., Glamuzina, B., 2010.** Growth, size class frequency and reproduction of purple sea urchin, *Paracentrotus lividus* (Lamarck, 1816) in Bistrina Bay (Adriatic Sea, Croatia). Acta Adriatica 51, 67-77.
34. **Cresson P., 2013.** Fonctionnement trophique des récifs artificiels de la baie du Prado (Marseille, France) : Origine et devenir de la matière organique. Thèse de doctorat en Océanographie. Aix-Marseille Université.
35. **Cau, A., Manconi, P., 1984.** Relationship of feeding, reproductive cycle and bathymetric distribution in *Conger conger*. Marine Biology 81, 147-151.
36. **Gannes, L. G., O'Brien, D. M., Martinez del Rio, C., 1997.** Stable isotopes in animal ecology : assumptions, caveats, and a call for more laboratory experiments. Ecology 78, 1271-1276.
37. **Martinez del Rio, C., Wolf, N., Carleton, S., Gannes, L. Z., 2009.** Isotopic ecology ten years after a call for more laboratory experiments. Biological Reviews 84, 91-111.
38. **Beaudoin, C. P., Tonn, W. M., Prepas, E. E., Wassenaar, L. I., 1999.** Individual specialization and trophic adaptability of northern pike (*Esox lucius*) : an isotope and dietary analysis. Oecologia 120, 386-396.
39. **Overman N. C., Parrish, D. L., 2001.** Stable isotope composition of walleye : 15N accumulation with age and area-specific differences in d13C. Canadian Journal of Fisheries and Aquatic Sciences 58, 1253-1260.
40. **Winemiller, K. O., 1990.** Spatial and temporal variation in tropical fish trophic networks. Ecological Monographs 60, 331-367.
41. **Vander Zanden, J. M., Rasmussen, J. B., 2001.** Variation in d15N and d13C trophic frationation : Implications for aquatic food web studies. Limology and Oceanography 46, 2061-2066.
42. **MacNeil, A. M., Skomal, G. B., Fisk, A. T., 2005.** Stable isotopes from multiple tissues reveal diet switching in sharks. Marine Ecology Progress Series 302, 199-206.

43. **Seddikioui, L., 2011.** Etude et détermination du régime alimentaire du congre européen (*Conger Conger*) de la côte occidentale algérienne. Rapport de Magister en Gestion des Ressources Aquatiques. Université d'Oran.
44. **Hare, P., Fogel, P., Stafford, T., Mitchell, A. Jr., Hoering, T., 1991.** The isotopic composition of carbon and nitrogen in individual amino acids isolated from modern and fossil proteins. Journal of Archaelogical Science 18, 277-282.
45. **DeNiro, M. J., Epstein, S., 1977.** Mechanism of carbon isotope fractionation associated with lipid synthesis. Science 197, 261-263.
46. **Fry, B., Sherr, E. B., 1984.** d13C measurements as indicators of carbon flow in marine and freshwater ecosystems. Ecological Studies 68, 196-229.
47. **Fry, B., 2002.** Conservative mixing of stable isotopes across estuarine salinity gradients : A conceptual framework for monitoring watershed influences on downstream fisheries production. Estuaries 25, 264-271.
48. **Harrod, C., Grey, J., McCarthy, K. T., 2005.** Stable isotope analyses provide new insights into ecological plasticity in a mixohaline population of European eel. Oecologia 144, 673-683.
49. **Matthews, B., Mazumder, A., 2005.** Consequences of large temporal variation of zooplankton d15N for modeling fish trophic position and variation. Limmology and Oceanography 50, 1404-1414.
50. **Morkore, T., Rorvik, K. A., 2001.** Seasonal variations in growth, feed utilisation and product quality of farmed Atlantic salmon (*Salmo salar*) transferred to seawater as 0+smolts or 1+smolts. Aquaculture 199, 145-157.
51. **Manasfi, T., Lebaron, T., Verlande, M., Dron, J., Demelas, C., Vassalo, L., Revenko, G., Quivet, Etienne., Boudenne, J. L., 2018.** Occurrence and speciation of chlorination byproducts in marine waters and sediments of a semi-enclosed bay exposed to industrial chlorinated effluents, International Journal of Hygiene and Environmental Health, In Press, Corrected Proof, Available online 18 July 2018
52. **Kondo, T., Yamamoto, H., Tatarazako, N., Kawabe, K., Koshio, M., Hirai, N., Morita, M., 2005.** Bioconcentration factor of relatively low concentrations of chlorophenols in Japanese medaka. Chemosphere 61, 1299-1304.
53. **Anastassiades, M., Lehotay, SJ., Stajnbaher, D., Schenck, FJ., 2003.** Fast and Easy Multiresidue Method Employing Acetonitrile Extraction/Partitioning and "Dispersive Solid-Phase Extraction" for the Determination of Pesticide Residues in Produce. Journal of AOAC International 86, 412-431.
54. **Oliveira, A. S., Silva, V. M., Veloso, M. C., Santos, G, V., Andrade, J. B., 2009.** Bromophenol concentrations in fish from Salvador, BA, Brazil. Anais da Academia Brasileira de Ciências 81, 165-172.
55. **Boyle, J. L., Lindsay, R. C., Stuiber, D. A., 1992.** Bromophenol distribution in salmon and selected seafoods of fresh and saltwater origin. Journal of Food Science 57, 918-922.

Annexe 1 : Résultats détaillées des paramètres physiologiques

Paramètres biologiques et physiologiques des congres capturés et de leurs muscles (moyennes de N=3 essais pour les mesures isotopiques, écarts-types < 2)

Code	Taille	Poids	Age calculé	Matière grasse	Teneur en eau	$\delta^{15}N$	$\delta^{15}N$ ad	$\delta^{13}C$	C/N
	cm	g		%	%	‰	‰	‰	
13cc-b	66	557	3,49	1,56	71,2	12,9		-17,9	3,13
16cc-a	71	554	3,96	3,33	76,5	12,7		-17,5	3,03
17cc-c	72	623	4,05	2,38	77,0	13,8		-14,8	3,16
17cc-d	73	918	4,14	2,50	76,1	14,5		-16,0	3,21
17cc-f	75	757	4,34	1,60	75,4	14,8		-16,3	3,05
13cc-a	78	1134	4,63	1,79	78,6	13,0		-18,9	3,15
9cc-a	81	1033	4,92	5,63	77,9	15,7		-19,1	3,23
17cc-e	84	1149	5,22	2,76	76,3	13,6		-16,5	3,14
9cc-e	100	2282	6,91	3,07	78,4	15,0		-17,4	3,15
17cc-a	108	2231	7,83	2,77	78,3	14,7		-16,7	3,12
11cc-c	110	3673	8,06	3,76	77,7	15,2		-18,9	3,16
11cc-e	110	2399	8,06	3,30	76,0	15,8		-16,7	3,19
11cc-d	111	3018	8,18	2,50	77,0	15,5		-14,6	3,15
12cc-d	116	3646	8,79	2,28	78,3	14,1		-16,9	3,13
9cc-d	122	4286	9,55	4,39	76,7	15,4		-18,9	3,43
11cc-a	125	5367	9,95	9,06	75,4	15,2		-16,8	3,89
9cc-c	125	4326	9,95	6,52	76,3	15,6		-15,9	3,40
17cc-b	127	4720	10,21	2,99	77,9	13,3		-14,9	3,17
9cc-b	127	5075	10,21	5,86	76,7	15,6		-17,7	3,28
12cc-c	131	6380	10,76	5,47	78,2	15,2		-18,2	3,29
12cc-a	136	4507	11,47	3,08	78,3	14,9		-15,5	3,15
11cc-b	137	4480	11,62	3,17	76,6	15,7		-16,4	3,23
12cc-b	140	5220	12,06	4,81	78,1	15,1		-18,0	3,33

Paramètres biologiques et physiologiques des congres capturés et de leurs foies (moyennes de N=3 essais pour les mesures isotopiques, écarts-types < 3)

Code	Taille	Poids	Age calculé	Poids Foies	Matière grasse	Teneur en eau	$\delta^{15}N$	$\delta^{13}C$	C/N
	cm	g		g	%	%	‰	‰	
13cc-b	66	557	3,49	1,27	6,78	74,0	14,5	-18,0	5,42
17cc-c	72	623	4,05	5,93	8,50	72,7	14,7	-17,4	5,49
17cc-d	73	918	4,14	13,90	11,18	75,7	15,2	-17,8	5,40
17cc-f	75	757	4,34	4,79	13,58	74,1	14,1	-18,3	4,07
13cc-a	78	1134	4,63	15,92	9,42	73,4	13,6	-16,2	5,68
9cc-a	81	1033	4,92	12,76	11,24	74,0	15,8	-17,5	5,37
17cc-e	84	1149	5,22	10,61	13,88	70,0	15,0	-18,6	4,97
9cc-e	100	2282	6,91	27,10	15,68	66,8	15,2	-19,5	11,41
17cc-a	108	2231	7,83	19,25	7,06	76,1	14,9	-18,4	4,50
11cc-c	110	3673	8,06	43,72	20,76	61,8	15,8	18,2	5,08
11cc-e	110	2399	8,06	16,58	28,18	71,8	16,4	-16,3	7,16
11cc-d	111	3018	8,18	20,36	17,50	72,6	16,8	-20,7	4,74
12cc-d	116	3646	8,79	44,34	13,07	65,9	13,6	-19,3	6,27
9cc-d	122	4286	9,55	34,30	29,54	64,9	15,0	-17,9	5,64
11cc-a	125	5367	9,95	71,78	60,77	52,9	17,9	-24,1	5,58
9cc-c	125	4326	9,95	42,30	57,09	53,3	18,6	-22,5	12,66
17cc-b	127	4720	10,21	38,93	28,84	70,7	13,7	-18,5	5,66
9cc-b	127	5075	10,21	56,38	50,10	57,7	16,5	-21,2	11,04
12cc-c	131	6380	10,76	133,95	54,75	57,2	16,7	21,4	15,32
12cc-a	136	4507	11,47	41,19	16,59	74,9	16,5	-19,0	4,78
11cc-b	137	4480	11,62	32,71	37,42	59,4	16,7	-17,6	6,56
12cc-b	140	5220	12,06	68,66	44,93	59,8	16,6	-19,2	10,34

Paramètres biologiques et physiologiques des oursins capturés

CODE	Taille	Poids	Nombre d'échantillon	Matière grasse	Teneur en eau	$\delta^{15}N$	$\delta^{13}C$
	cm	g		%	%	‰	‰
9pl-a	5,27	24,96	10		76,00	NA	NA
9pl-b	5,51	38,14	10	13,95	82,66	NA	NA
9pl-c	5,31	26,95	10		77,75	NA	NA
9pl-d	5,54	28,11	10		76,05	NA	NA
14pl-a	5,37	29,3	10		70,01	NA	NA
14pl-b	5,73	66,6	20	14,61	73,97	NA	NA
14pl-c	5,27	32,07	15		70,26	NA	NA
14pl-d	5,15	30,23	15		68,71	NA	NA
16pl-a	5,36	12,4	12		71,41	NA	NA
16pl-b	4,95	18,2	12	13,07	73,67	NA	NA
16pl-c	5,1	7,77	11		48,34	NA	NA
16pl-d	5,22	9,6	12		56,13	NA	NA
12pl-a	5,04	27,86	15		66,82	NA	NA
12pl-b	4,94	25,89	15	15,08	68,03	NA	NA
12pl-c	5,01	26,08	15		66,99	NA	NA
12pl-d	5	22,93	15		67,65	NA	NA
3pl-a	5,29	41,8	10		73,61	NA	NA
3pl-b	5,12	44,8	10	10,42	73,79	NA	NA
3pl-c	4,98	30,2	10		70,17	NA	NA
3pl-d	5,22	54,82	10		73,58	NA	NA
24pl-a	5,35	29,08	10		72,53	NA	NA
24pl-b	5,06	25,27	10	9,07	76,35	NA	NA
24pl-c	5,39	40,06	10		76,52	NA	NA
24pl-d	5,26	39,95	10		75,15	NA	NA

Paramètres biologiques et physiologiques des moules capturées

CODE	Taille	Poids	Nombre d'échantillon	Matière grasse	Teneur en eau	$\delta^{15}N$	$\delta^{13}C$
	cm	g		%	%	‰	‰
9mg-a	5,24	50,40	15		85,63		
9mg-b	5,05	39,51	15	7,17	86,72		
9mg-c	5,14	44,30	15		87,07		
9mg-d	5,09	49,80	15		87,61		
14mg-a	3,59	17,70	20		76,05		
14mg-b	3,46	21,10	20	5,31	77,29		
14mg-c	3,43	16,80	20		74,50		
14mg-d	3,45	19,6	20		77,06		
16mg-a	3,71	30,11	20				
16mg-b	3,77	29,26	20	2,94			
16mg-c	3,95	36,81	20				
16mg-d	4,03	32,80	20				
12mg-a	4,82	28,70	12				
12mg-b	4,90	37,60	12	7,62			
12mg-c	4,93	37,90	12				
12mg-d	4,93	36,20	12				
3mg-a	5,59	53,50	15				
3mg-b	5,17	42,50	15	8,41			
3mg-c	5,38	58,40	15				
3mg-d	5,27	55,60	15				
8mg-a	5,56	56,11	12				
8mg-b	5,63	72,45	12	5,50			
8mg-c	5,69	60,55	12				
8mg-d	5,49	51,43	12